Celui qui peut comprendre comprendra.

Celui qui ne sait pas laissera cela ici sans blâme.

Je n'ai rien écrit pour lui.

J'ai écrit pour mois même.

                                              Jacob Böhme

Nous remercions

Nos amis Corses qui nous aident avec bons conseils et de la bonne nourriture. Ainsi nous pouvons écrire ces livres et trouver les pensées avec le plus grand plaisir en ce petit hameau de Pevani ou nous passons nos vacances.

La maison d'édition BoD qui par sa conception permet de publier des idées non conventionnelles.

.

U.W. Geitner

Du Néant par la Formule d'Univers et retour

La Structure des Particules Élémentaires XIII f

Copyright avril 2018 Uwe Geitner

Impression et Édition Books on Demand GmbH,
12/14 rond-Point des Champs-Elysées, 75008 Paris

Le livre a été produit en technique On-Demand

ISBN 978-2-3221-0336-2

BoD est membre de l'Association Boursière
des libraires allemands

Dépôt légal : février 2018

Tableau des matières

1 Introduction 6
2 La naissance de l'univers 7
3 Autres modèles 9

4 Le développement des particules élémentaires 10
4.1 La construction des particules 13
4.2 Fonctionnement des Forces 14
4.3 L'évolution des quanta 16
5 Théorie générale unifiée 18
5.1 La formule universelle 18
5.2 Les charges 19
5.3 Les champs quantiques 20
6 La résulte 23

Livres du même auteur 27
Glossaire 28

1 Introduction

Il y a dix ans que nous avons commencé cette petite série «la structure des particules élémentaires». nous avons essayé de montrer : ces particules ne sont pas élémentaires, ils sont composées. Pour raisonner cela il nous faudrait postuler des quanta d'origine : quanta d'éther, primaires et secondaires. Par ceux nous avons réussi de construire toutes les particules avec toutes leurs propretés.

Maintenant nous nous rapprochons d'une formule universelle par qui on peut calculer toutes changes de l'univers. Ici nous devons constater que le postulat des quanta subsidiaires donnent la meilleur base d'un modèle cosmologique : Par ces quanta nous pouvons bien expliquer et la naissance de l'univers sans les problèmes d'un big bang et son état changeant les champs d'énergie et matière noire inclus.

En cherchant la formule universelle nous useront le théorie unifié des champs. Nous chercherons l'optimum par le «Lagrangien» . On aura quelques difficultés avec le champ de la gravitation. À trouver une solution il faut faire quelques suppositions additionnelles.

2 La naissance de l'univers

«De rien ne va pas rien» dit le 'big bang'. Que est ce que pourrait être sa raison ? Il faut poser cette question pour chaque situation qu'elle que elle soit. Celui qui opère la physique sérieusement doit poser cette question permanente. Il existe une alternative, le trique du maître : constater une 'singularité'. Par cela on est privé de toute recherche additionnelle.

Nous voulons attaquer cette question de l'autre coté : du néant. Si le néant soit une raison acceptable, il ne faudrait poser cette question en plus, quelle soit la raison du néant lui-même. Ou devrait on poser cette question quand même ?? Laissons !

Nous avons suivi cette proposition de ne demander la raison du néant de début de tome 1 et complété cela en les tomes suivants. Nous sommes arrivés á la formule de 'nuage de points'. Physiquement des points ne sont pas rien. Par collision ils produient des ondes. Ce sont des objets d'énergie sans allocation et sans matière. Par collision ils changent leur propreté de rien.

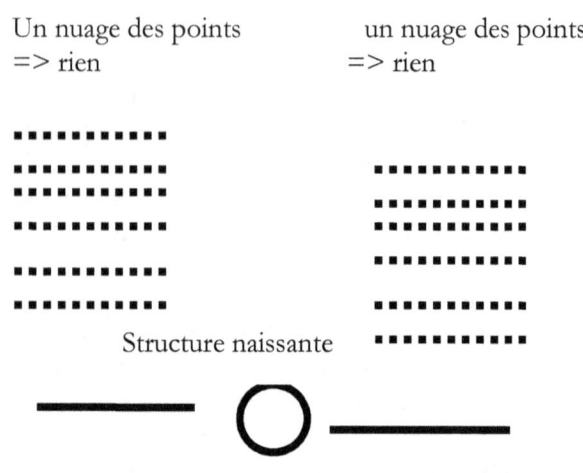

la densité augmente, la vitesse se réduit

L'impulsion créé

Image 3.1:   Création d'impulsion

3 Autres modèles

En remplacent les points par des 'quanta d'espace et de temps' (Bejowald, Maldacena) le modèle physique se présente plus élégante. La supposition pour cette formation est l'existence des éléments les plus petits de l'espace et du temps partout remplissant le néant.

Cette construction est combiné (ou basé) sur le croisement (entanglement) de deux ou plusieurs quanta (Einstein). De plus cela nous permit d'expliquer la gravitation. Ca nous aiderait beaucoup par ce que c'est juste la gravitation qui fait des problèmes en la formule d'univers. Mais la conclusion suivant est: la gravitation est la conséquence de ce croisement qui produit une courbure de l'espace est du temps. Cela ressemble un peut a la phrase: La raison de la gravitation est la courbure de l'espace (et du temps) – et la raison de la courbure c'est la gravitation…on peut trouver des explications plus convaincant comme nous avons expliqués en le tome précédant et comme nous verront plus tard.

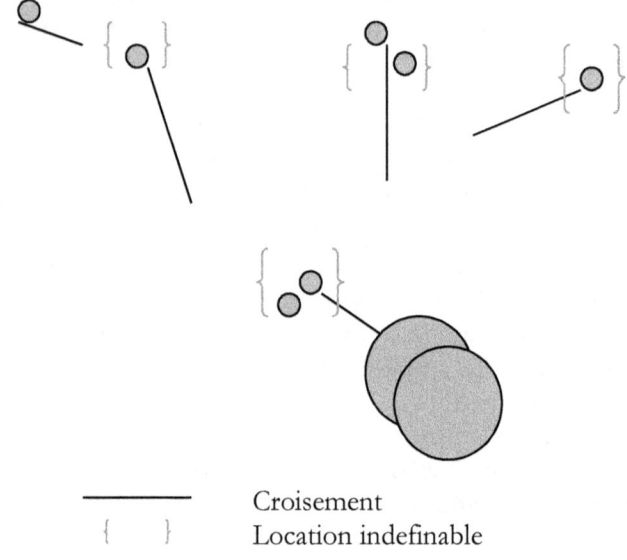

Image 3.1: quanta d'espace - temps

Le modèle des brans est mieux connu. Il existent plusieurs brans, chacun représentant un univers et rempli des strings. Un string est une ligne (la première dimension), un quantum ou un part de celui. La question d'origine des strings ou des brans n'existe pas – n'est pas discutée.

Le modèle le plus connu est le 'big bang'. On a essayé de le reconstruire en poursuivant l'univers par direction inverse. Par cela on a remarqué qu'il manque du temps á l'univers pour se développer. Ainsi on a construit une 'inflation' en avant du début. On verra si nous pouvons développer les particules plus évidentes.

4 Le développement des particules élémentaires

Nous avons discutés la naissance de l'univers et de même la naissance des quanta premières. Nous avons trouvés des ondes avec l'habilité 'd'arithmétique ordinaire des ondes': impulsion, se doubler, se annuler…

Ici nous voulons discuter le développement des particules élémentaires de ces ondes. Si on n'est pas trop convaincu par le quanta d'espace-temps, il faut raisonner un peu pour trouver un accès plus plausible á ces deux sujets car de l'espace et du temps sont nécessaires pour faire agir des points et surtout les ondes.

Au début il faut constater, que ces deux sujets n'existent que en nos têtes : deux mesures pour décrire notre environnement : Ces deux ne trouvent pas leur légitimation que par l'existence des objets. Il en faut au moins deux et il faut qu'ils se bougent –relativement. Il faut aussi que ces mouvements soient comparables. Ainsi il est permit d'appliquer le mot du 'temps', de même celui d'espace. Il est vident : le temps n'existe pas sans l'espace et l'espace ne existe pas sans du temps. Il faut accepter de plus : Le mouvement des objets est une condition absolument nécessaire. Sans aucun mouvement relative les objets n'existent pas : ils sont rien – au moins équivalent de rien, du néant.

Mais quand est ce que quelque chose est un objet ? L'onde par exemple ? Lesquelles propretés sont nécessaires ? Nous pouvons supposer l'énergie ou/et la matière. A répondre à cette question nous regarderons l'évolution des particules élémentaires. Au moment nos regardons des objets comme quelque chose qui a des propretés physiques.

Exclamation : Il n'y a pas une évolution des particules élémentaires, ils ne sont pas divisibles. Réponse : il est vident : les particules élémentaires sont des objets complexes, multifonctionnelles avec des propretés égales et différentes. Pour développer des objets aussi complexes et en parties similaires la nature se produit plus intelligent que l'esprit humain : La nature prend plusieurs étapes pour une telle construction, elle ne le fait pas sur un coup, surtout pas pour les propretés différentes ou complémentaires. Le tableau suivant donne une idée de développement des particules élémentaires :

quantum	=	consiste de	étape de développem	
de point	d'éther	2 ondes égales	3	
primaire	d'origine	2 qu de point	4	
secondaire	suivant	2 qu d'origine	5	
particule élémentaire		>= 2 qu secondaires	6….9…	

Tableau de développement des quanta

Ici il faut questionner: pourquoi les ondes et les quanta prématurés est ce qu'ils se réunirent pour produire des objets plus complexes ? La raison est la deuxième règle physique: 'réduire l'effort au minimum'. Les formules appliquées sont Hamilton et Lagrange qui nous reconnaîtrons plus tard. (La première règle c'est cela de la raison). Ces règles la sont absolument nécessaires. Sans eux on ne peut pas construire rien, Pétrus non plus.

S'assembler les objets donne une chance meilleure de exister. L'espace est plein des ondes et des objets différents qui ne sont pas encore des quanta.

4.1 La construction des particules

Au début il faut analyser les structures existants des les particules les plus 'importants': les fermions (avec charge(s) et massivité) et les Bosons sans charge et massivité. Il faut mentionner que la massivité en principe aussi est une charge, avec seulement une pole, pas deux

massivité > 0 fermions	quanta secondairs	forces: gravitation+	massivité = 0 bosons	quanta primairs
			graviton	0, q.éther
neutrino	1	~faible		
électron	2	~électr, ~faible	photon	2
quark	3	~électr, ~faible, ~fort	gluon	3

Tableau des particules élémentaires

Pour quoi est ce que les fermions sont structuré ainsi et comment est ce que les quanta passants savent 'lire et répondre' à cette structure? On peut trouver la réponse de la imagination du fermion composé d'une tête et d'un corps:

Fermion	Tête force	Corps=ferm précedent +	force
Neutrino	faible	-	-
Électron	electro-mag	neutrino	faible
Quark	couleur:fort	électron	electro-mag, faible

Tableau. Construction des Fermions

Ca signifie: Le caractère d'un fermion se trouve á sa tête. La 'tête' c'est plutôt une imagination. La tête est complété par un 'corps, celui consiste du fermion précédant. Ainsi on peut déterminer les forces d'un fermion. Les forces sont produites par des quanta secondaires. De plus chaque quantum secondaire existe de deux quanta primaires.

4.2 Fonctionnement des Forces

Les bosons sont les 'porteurs' des forces. Pour cela il ne leur faut que quelques peut des quanta primaires. Comment sont ils activés et conditionnés? À répondre nous voyons un peut en direction de M. Higgs: Il a demandé le champ 'de Higgs' qui existe partout et toujours. Mais il l'a seulement construit pour la gravitation. Nous le appliquons généralement et le nommons le 'champ général'. Pour l'application générale il ne nous faut des spécifications comme l'énergie négative du vacuum.

Comment le champ général est ce qu'il marche ? Les charges sont 'conservées' par les quanta secondaires des fermions. Ces quanta sont composés des quanta primaires, normalement deux. Si un potentiel d'une force se produit, les quanta correspondants 'veulent' égaliser ce déséquilibre. Comme ils sont toujours bombardés par les quanta du champ général une place vide sera aussitôt remplacé. Le quantum remplaçant de la force générale est adapté toute suite.

Cela est le principe comme les charges et les champs (=forces) agitent. Au lieu de décrire tout les détails ici nous nommons les conséquences de ces procédures : Premièrement nous avons la même procédure pour tout les forces. Deuxièmement en appliquant cette manière nous pouvons éviter le problème d'une calcule infinie. Il ne faut que savoir ou estimer les quanta de champs qui sont échangés. (La méthode ne vaut pas pour la force faible. Cette force semble de n'être pas divisible. Ainsi la calcule infinie est réduite à une échange pour une charge et résolue ainsi). Une autre rareté c'est la réduction de la force électrique à un ou deux tiers si elle se trouve chez le quark. On peut bien le expliquer par les trois quanta secondaires pour qui une unité de la charge doit être divisé. (Les tomes précédents l'expliquent plus détaillé).

4.3 L'évolution des quanta

Les tableaux suivants devraient servir comme un résumé de la construction des particules. Les particules sont des fermions (masse inerte > 0, conservateurs des charges) et des bosons (masse inerte = 0, transporteurs des charges). Une particule suivante contient toujours les éléments de la particule précédente. Ainsi cela est un système bien simple qui nous permet de comprendre plus facilement les propretés et réactions des particules. La conclusion d'une évolution de ces particules est évidente.

Niveau	«éléments» des quanta	habilités des quanta
Q d'origine	l'espace et le temps	mouvement (énergie)
Q primaires	plusieurs Q d'origine	naissance des champs
Q secondaires	plusieurs Q primaires	matériaux des particules. élémentaires
Particules élémentaires	groupe spéciale plus groupe basé	4 forces à agir et réagir **(= model standard)**

Image 4.3.1: Évolution des Quanta

Construction des Fermions

Onde charge1 **C1**
Onde charge 2 C**2**
Onde du spin **S** : !/2

Neutrino   Électron   Quark

C1 C2   S   C1 C2 S (électr)   **C1 C2   S** (fort)
             C1 C2   (faible)   **C1 C2**   (électr)
                                      C1 C2   (faible)

Construction des Bosons

Onde charge **C**
Onde du spin **S** : 1

Le graviton   le photon   le gluon

1 S (impuls)   **C1 C2 S**(électr)   **C1 C2 C' S** (fort)

Image 4.3.2 : Construction des particules

5 Théorie générale unifiée

L'abréviation c'est GUT = General Unified Theorie. Pour construire une théorie de cette prétention il faut commencer au début de l'univers et finir à la fin. Le début est décrit par les particules les plus petites. Ainsi la première étape soit: trouver une formule qui nous permet de déterminer touts les places et mouvements de toutes les particules:

5.1 Formule universelle

Nous savons tous les détails des objets les plus petits des chapitres passés. Une méthode bien fréquentée est trouver un optimum. Ici ça veut dire: trouver la situation de l'effort minimum. Il faut regarder tous les forces actives et chercher leur minimum. Il existe deux règles fondamentales: la règle du minimum d'effort et celui de la raison. La formule la mieux connue est celui de 'Lagrange' qui donne le minimum de l'énergie cinétique T minus V, le potentiel.
$$L = T - V$$

C'est le potentiel qui demande la plus grande attention. (T souvent est connue et à peine changeable). Pour V il faut regarder tous les forces (de qui nous connaissons quatre actuellement). Pour trouver les optima il faut les formuler en termes d'une dérivation 'covariante':

>facteur de couplage x matrice adaptant x
>équation de la force du champ regardé

Ces termes sont bien connus depuis Glashow, Weiberg et Salam ont unifiés les forces faibles et électrique-magnétique. Il manque la gravitation.

Pour dériver les forces (charges) différentes nous suivrons « le théorie quantique des champs » bien accepté : Au début un résumé des champs des forces :

5.2 Les charges

Force	transmission	Pôle	charge émetteur	charge récepteur	particule élément.
électro magnet	file de q	+, -	const.	const.	électron, quark
forte	file de q	couleur anticou.	const.	const.	quark
faible	charge	un	0	1	neutrino, élec, quark
gravi tation	file de q d'origine	un	const.	const.	fermions

Image 5.2

Les charges de deux pôles

Ce sont l'électromagnétisme (électron) et la force forte (quark). Pendant l'activité des forces les charges d'émetteur et de récepteur restent absolument constantes. L'activité est produit toujours par deux files des quanta : plus et minus. Les files sont permanente active. On peut bien mesurer les effets or les charges restent constantes. D'où sont ils provisionnés alors ?

Les charges d'un seul pôle

La force faible agit complètement différente : la charge n'est pas transporté par des files de quanta mais par la charge elle-même. Ainsi les charges des émetteur et récepteur sont changées. (La force forte aussi connaît une procédure similaire).

La gravitation (force de massivité) agit par de files des quanta mais d'un seul pôle. La charge, la masse, reste toujours constante (sauf par augmentation de la vitesse mais ça ne touche que l'énergie cinétique). Cette file unidirectionnelle devrait consister des quanta qui sont proche des quanta d'espace et du temps.

5.3 Les champs quantiques

La valeur de la source ne change pas, ni celui du destinataire. Or les quanta des champs sont produit sans cesse en tous les directions. Supposons la fréquence de particule soit 10 exp 50. Ainsi le nombre des quanta émis devrait être similaire ou bien plus haut. Si l'onde de la force (la source) produirait ces quanta, elle serait épuisé en peu du temps. La source doit être un réservoir presque infini qui procure ces ondes sans cesse. À la discussion de l'évolution nous avons nommés des niveaux différentes des quanta. Les propretés nécessaires sont : un réservoir infini, et la masse inerte = 0 … Ce sont les quanta d'origine et ceux primaires qui ont l'air d'être juste. Ceux d'origine sont assez nombreux (oo) mais il est difficile de juger leur flexibilité par ce qu'ils doivent être adaptés à des spécifications des charges différentes. Probablement ce n'est pas seulement l'onde de la force mais aussi celui du spin, qui font l'adaptions.

On peut étudier les détails au tome précédent. Ici nous devons étudier la rôle des champs quantiques à établir la formule universelle. Le principe est simple : C' est toujours un Boson spécialisé qui transmet la force d' un fermion à un autre. L' image «interaction» montre les opérations permis. Ainsi pour chaque force un terme soit formulé. Comme déjà expliqué plus haut c' est le Lagrangien qui est appliqué le plus souvent : pour chaque force un terme de la structure :

> facteur de couplage x matrice adaptant x
> équation de la force du champ regardé

Pour le principe cela est suffisant. Mais pour calculer il faut regarder les déviations des forces chez un réaction de deux fermions ou même d' un seul particule : le mot de solution c' est la régularisation. Physiquement et mathématiquement c'est une tache un peut difficile. La raison souvent est la réaction d' un particule avec lui-même – causé p.e. par une particule virtuelle ou la réduction du diamètre d'une particule á zéro. La résulte souvent est une expression (intégrale) infinie. Ainsi c' est plus facile de éviter ces deux situations.

Les méthodes da la régularisation sont bien développées pour tout les forces sauf la gravitation. Si elle change c'est surtout l'énergie cinétique (T) qui est touché et pas l' énergie potentielle (V) qui nous regardons ici. La gravitation est la force la plus invariante. Un changement de la massivité est pour la plus part causé par un changement de l' énergie. Pour rester sur la cote plus sur il faut calculer le terme séparé pour chaque particule.

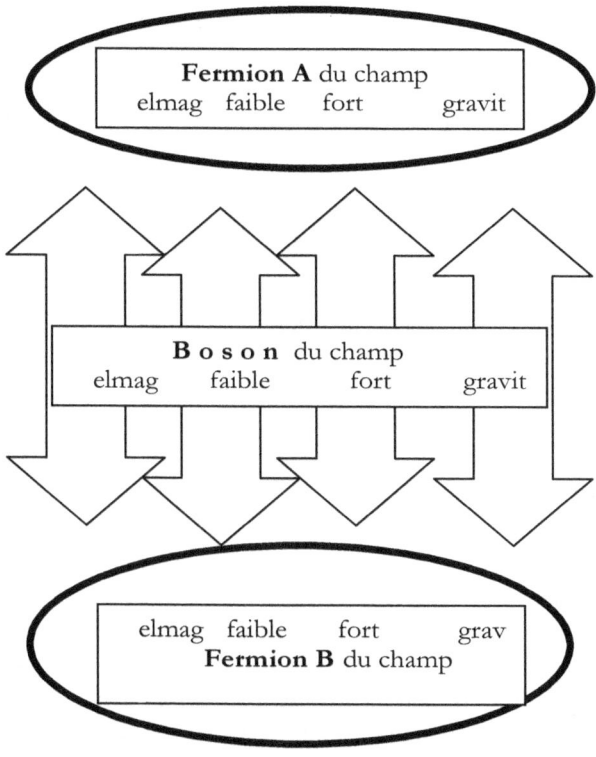

Image : Interactions des particules élémentaires
Fermion Boson

Ainsi nous pouvons formuler le Lagrangien en écrivant les termes des dérivations et en oubliant le facteur i et le premier terme qui représente la dérivation d' espace-temps. Les termes sont bien connue sauf pour la gravitation. Le facteur de couplage est ~ 10 exp -40 (pour les autres forces ~ 10 exp -2). On ne sait pas la matrice adaptant comme on n'a que peu des informations pour la fonction de la gravitation. Nous avons trouvé (tome 1) M ~ 10 exp (2x nombre des forces sauf gravitation) KEV adapté pour quelques Fermions et bosons W, Z…Avec ces informations on peut formuler un matrice «provisoire». Maintenant nous pouvons écrire les dérivations pour les forces différentes. Pour l'électron il faut les dérivations du électron- magnétisme, la force faible et la gravitation. En multipliant ces termes par la fonction d'onde et … on arrive au Lagrangien.

6 La résulte

Ainsi nous avons un calcule pour tous les forces d'une conception uniforme. Les résultats sont en bien accord avec les chiffres connus. Nous avons trouvé un modèle universel. La formule GUT (general unified theory). Vraiment ? Ce que nous sommes capable de calculer ce ne sont que 5% de notre univers connue. La matière ordinaire ne fait plus que 5% de la densité totale de l' énergie de l' univers. La matière noire fait 25 % et énergie noire même 70%. Ces données sont le résulte des observations des notre télescopes satellites.

Naturellement il existent beaucoup des propositions explicatives : Les trous noirs, des particules plus petites que ceux que nous connaissons, les WIMPS, mais peu convaincants. Comme on ne site rien de ces forces noires sauf quelques effets observés on ne peut même formuler un terme pour la formule universelle. D' autre part il faut supposer que les propretés de ces forces sont similaire à cela de la gravitation. Nous avons supposé la gravitation un champ universelle existant partout .

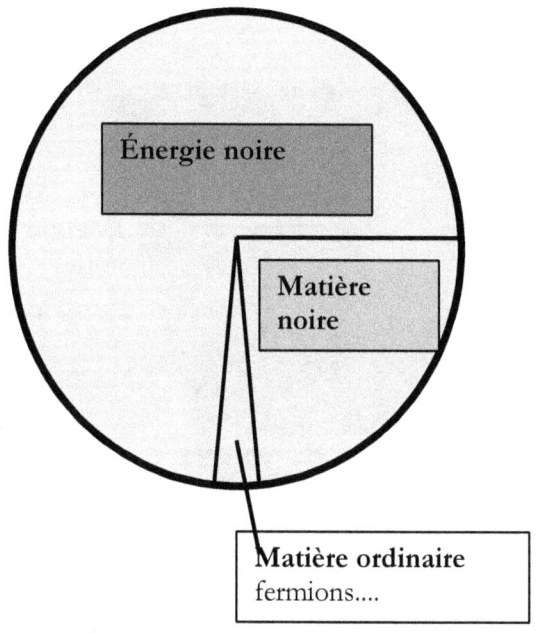

Image 6.1: Densité d' énergie de l' univers

Il nous semble plus convaincant d'expliquer ces champs noirs du développement des particules comme nous avons essayé en tome 1: au début les ondes «primaires» (se composant de plusieurs ondes d' éther). Après les ondes secondaires (se composant de plusieurs ondes primaires. Après les particules «ordinaires» se composant des plusieurs ondes secondaires.

Ainsi les quanta secondaires qui ne sont pas composé sont la base de la matière noire et les quanta primaires qui ne sont pas usés sont la base de l'énergie noire.

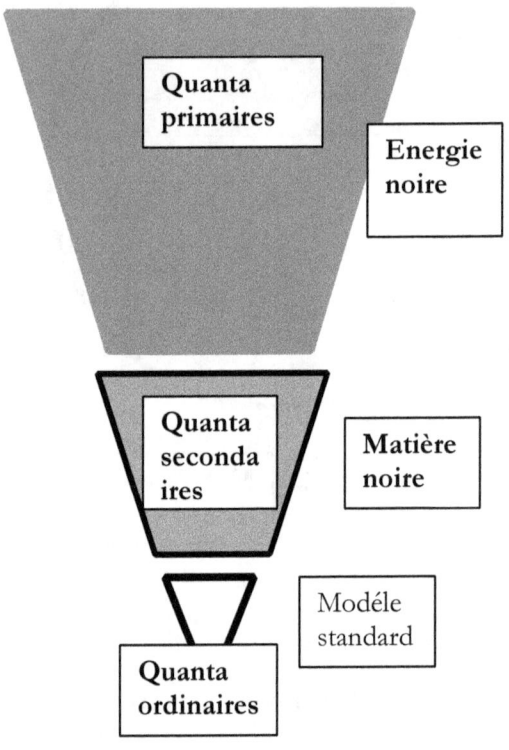

Image 6.2 : Développement d'univers et ses quanta

Nous savons calculer. Mais comprendre ? La formule nous conduit à la monde la plus petite Elle nous donne le sentiment de savoir formuler chaque changement a l'univers. Elle ne dit rien de la construction des ondes. Ni de la source de leur existence.

Formellement nous avons résolue (beaucoup) des questions. Ca n'empêche pas mon esprit de signaliser que l'univers – les univers – sont trop complexes pour l'esprit simple de l'homme.

Livres du même auteur

Das Innenleben der Elementarteilchen. Bod.de 2008

Structure of Quantum I. Amazon.com 2010

Das Innenleben der Elementarteilchen II. Felder, Ladungen, Kräfte. Bod.de 2009

La structure des Particules élémentaires III. Le Néant le Tout et Dieu. Bod.fr 2me ed. 2012

Structure of Quantum IV General Model. Bod.de 20010

Das Innenleben der Elementarteilchen V. Detailmodell. Bod.de 2010

La structure des Particules Élémentaires VI. Les règles du néant du tout et du Dieu. Bod.fr 2012

La structure des Particules Élémentaires VII. La Naissance de l'Univers Bod.fr 2012

Rätsel der Teilchen und des Universums. Das Innenleben der Elementarteilchen IX d.BoD.de 2013

Der Schlüssel des Universums. Das Innenleben der Elementarteilchen X d.BoD.de 2014

Der Pfad zur Weltformel. Das Innenleben der Elementarteilchen XI d.BoD.de 2015

Schatten im Universum Das Innenleben der Elementarteilchen XII d.BoD.de 2016

L'Ombre a l'Univers . La Structure des Particules Élémentaires XII f BoD.fr 2016

Mit dem Nichts zur Weltformel und zurück Das Innenleben der Elementarteilchen XII d.BoD.de 2017

Glossaire

big bang 6

boson 18, 23

bran 11

charge 20f

champ 15

champ quantique 21f

électron 14

espace 12

fermion 14, 18,23

forces unfiées 19

gravitation 6,9,28

GUT 19,24

Higgs 15

impulsion 8

Lagrange 6,19,23

modèle cosmologique 6,24

movement 12

neutrino 14

particules élément. 14

pôle 20

quantum 13,17

  d'origine

  primair

  secondair

quark 14

temps 12

www.ingramcontent.com/pod-product-compliance
Lightning Source LLC
Chambersburg PA
CBHW050253230526
45470CB00005B/2241